Martin Mayer

Unterrichtsstunde: Zweiseitiger Hebel

Physik, Realschule

GRIN Verlag

Bibliografische Information der Deutschen Nationalbibliothek:

Die Deutsche Bibliothek verzeichnet diese Publikation in der Deutschen National-
bibliografie; detaillierte bibliografische Daten sind im Internet über http://dnb.d-
nb.de/ abrufbar.

Impressum:

Copyright © 2010 GRIN Verlag, Open Publishing GmbH
Druck und Bindung: Books on Demand GmbH, Norderstedt Germany
ISBN: 978-3-640-80230-2

Dieses Buch bei GRIN:

http://www.grin.com/de/e-book/162817/unterrichtsstunde-zweiseitiger-hebel

STAATLICHES STUDIENSEMINAR FÜR DAS LEHRAMT AN REALSCHULEN TRIER

Unterrichtsentwurf
für die benotete Lehrprobe im Fach Physik

gemäß §9 der Landesverordnung über die Ausbildung und Zweite Staatsprüfung für das Lehramt an Realschulen vom 27.08.1997, in der zur Zeit gültigen Fassung.

Schule: Realschule

Klasse: 7d

Datum: Donnerstag, den 10. Juni 2010

Zeit: 5. Stunde (11^{30} – 12^{15} Uhr)

Schulischer Ausbildungsleiter:

Schulleitung:

Fachleiter:

Vertreter des Seminars:

Fachlehrer:

Thema:

Asterix und Obelix im Gleichgewicht!?

Wir untersuchen den zweiseitigen Hebel

Leitziel
Die Schülerinnen und Schüler lernen, dass beim zweiseitigen Hebel der Zusammenhang zwischen den wirkenden Kräften (F_1, F_2) und der Länge der Hebelarme (s_1, s_2) durch das Hebelgesetz ausgedrückt wird.

Vorgelegt von: Martin Mayer

Hermeskeil, den 09.Juni 2010   _____

                                      (Martin Mayer, RLA)

I. Lerngruppenanalyse

Beobachtungen zum Lernverhalten
Die Klasse 7d setzt sich aus 17 Jungen und 11 Mädchen zusammen und ist mit 28 Schülern eine recht große Lerngruppe. Die Lerngruppe ist mir bereits vom letzten Schulhalbjahr durch die Hospitation bekannt. Seit Februar unterrichte ich die Klasse im eigenständigen Unterricht. Die Lernbereitschaft der Klasse, sowie der **Leistungs- und Lernstand** sind als heterogen zu bezeichnen.

Die Klasse lässt sich sehr leicht ablenken, was besonders in Gruppenarbeitsphasen zu beobachten ist und Auswirkungen auf das Lern- und Arbeitstempo hat. Einige SuS stören häufiger durch pubertäres Verhalten den Unterricht, rufen dazwischen und halten sich nicht an die vereinbarten Regeln. Es gibt SuS, die gut arbeiten und nicht stören, sich aber selten melden.

Durch die Einstiegsfolie mit Asterix und Obelix erhoffe ich mir eine Aktivierung aller SuS. Des Weiteren soll den SuS mithilfe des Einstiegs und des gelenkten Unterrichtsgesprächs das Stundenthema transparent gemacht, sowie ihr Interesse am physikalischen Arbeiten geweckt werden.

Im Sinne der Differenzierung muss der Unterricht auch für jeden einzelnen *fördernd* sein, so dass gerade die schwachen Schülerinnen und Schülern nicht den Anschluss verlieren.

Um Störungen des Unterrichts zu vermeiden, ist es notwendig, dass die Motivation der Schüler durch einen alltagsbezogenen Einstieg über den gesamten Stundenverlauf gewährleistet ist.

Bezug zum konkreten Stundenthema
Betrachtet man Spielplätze auf der ganzen Welt, so ist die Wippe ein Spielgerät, das nahezu auf jedem Spielplatz zu finden ist. Daher ist davon auszugehen, dass fast jeder Schüler schon einmal auf einer Wippe gesessen hat.

Da jeder Schüler weiß, was eine Wippe ist, wird ein Alltagsbezug schnell hergestellt. Diese „Wipperlebnisse" und Erfahrungen mit dem Gerät werden den Schülerinnen und Schülern eine Hilfe sein, um den zweiseitigen Hebel genauer zu untersuchen. Auch haben die meisten Schüler schon mit „schwereren" und „leichteren" Partnern gewippt. Um das Ganze zu veranschaulichen, werden die Figuren Asterix und Obelix gewählt, die auf einer Wippe im Gleichgewicht sind.

Besonderheiten
Das Leistungsniveau der Lerngruppe in Physik ist allgemein als durchschnittlich zu bezeichnen. Es sind teilweise starke Leistungsunterschiede feststellbar. Während einige Schülerinnen und Schüler die Arbeitsaufträge in der Regel sehr zügig erfassen und konzentriert mit verschiedenen Materialien arbeiten, sind andere Lernende zum Teil sehr unkonzentriert und benötigen deutlich länger, um die Unterrichtsinhalte zu erfassen und Arbeitsaufträge umzusetzen.

In den Phasen der Partnerarbeit soll das Helfersystem genutzt werden; hierbei sollen die sozialen Kontakte gefördert werden. Da in der heutigen Stunde auch leichte mathematische Kenntnisse notwendig sind, müssen die etwas stärkeren Schüler bei einzelnen Gruppenmitgliedern evtl. mehr Hilfestellung leisten, was meinerseits zusätzlich unterstützt werden soll.

Rahmenbedingungen
Durch die Umbaumaßnahmen an unserer Schule aufgrund der PCB-Problematik stehen in diesem Jahr keine Physik - Fachräume zur Verfügung. Der Unterricht findet in den Klassenräumen statt. Hinzu kommt, dass es an unserer Schule keine Schülerversuche bzw. Experimentiersätze gibt, was ein eigenständiges Experimentieren ermöglichen würde.

Um den Physikunterricht trotz aller Schwierigkeiten möglichst interessant zu gestalten, sollen die Schüler durch geeignete Problemstellungen selbst Experimente durchführen und planen. Um die Schüler zusätzlich zu motivieren, wird möglichst ein Schülerdemonstrationsexperiment durchgeführt.

II. Didaktische Analyse

Sachanalyse[1],[2],[3]

Der mechanische Hebel gehört wie die schiefe Ebene, die Rolle, der Flaschenzug, die Kurbel, das Wellrad oder das Getriebe zu den in der Physik bezeichneten „Einfachen Maschinen". Mit Hilfe von einfachen Maschinen kann man Kraft auf Kosten des zurückgelegten Weges sparen. Einfache Maschinen sind Geräte, die bei bestimmten Arbeiten Angriffspunkt, Richtung oder Größe der erforderlichen Kraft zwecks Arbeitserleichterung verändern können. Sie sind Kraftwandler. Die einfachen mechanischen Maschinen dienen zur Verrichtung von Arbeit. Die geringe Kraft von Mensch und Tier soll „vergrößert" werden. Ein Hebel ist einer der wichtigsten Kraftwandler. Er dient, wie alle mechanischen Maschinen, dazu Arbeit zu erleichtern, nicht zu sparen. Die zu leistende Arbeit bleibt nach der Formel „Arbeit ist gleich Kraft mal Weg" oder als Formel: $W = F * s$ gleich.

Das heißt, eingesparte Kraft geht auf Kosten des Weges, die zu leistende Arbeit wird keineswegs weniger.

Wählt man den Lastarm entsprechend kurz im Vergleich zum Kraftarm, so ist man mit einem Hebel in der Lage, große Lasten mittels einer vergleichsweise geringen Kraft zu bewegen.

In der Physik wird umfassend jeder Körper, der um eine feste Achse drehbar ist, als Hebel bezeichnet. In vereinfachter Form besteht der Hebel aus einer starren Stange, die um eine feste Achse drehbar gelagert ist. Man unterscheidet zweiseitige und einseitige Hebel, wobei im ersten Fall die angreifenden Kräfte auf beiden Seiten der Drehachse wirken, während sie im zweiten Fall nur auf einer Seite der Drehachse wirken.

Als sehr gutes Beispiel zur Veranschaulichung des Hebelgesetzes eignet sich die Wippe.

*Ein starrer Körper, an dem mehrere Kräfte angreifen, bleibt im Gleichgewicht, wenn die Summe ihrer Drehmomente Null ist (**Hebelgesetz**).*

Dieser Hebel hat zwei Arme auf den jeweils eine Kraft wirkt. Die Hebelarme drehen sich um den Drehpunkt D. Diese Art von Hebel wird zweiseitiger Hebel genannt. Das Zusammenwirken der Länge des Hebelarms s_1, auf dem das Mädchen sitzt, und ihrer Gewichtskraft F_1 bewirkt das Gleichgewicht zu dem kürzeren Hebelarm s_2 des Jungen und seiner größeren Gewichtskraft F_2. Dabei wirken F_1 und F_2 immer in Richtung Erdmittelpunkt. Das Produkt aus der wirkenden Kraft F und der Hebellänge s heißt Drehmoment M, seine Einheit ist das Nm (Newtonmeter). Die Kraft muss senkrecht auf den Hebelarm wirken. Wenn das Drehmoment M_1 so groß ist, wie das Drehmoment M_2, dann ist der Hebel im Gleichgewicht. Dieser Zusammenhang wird als **Hebelgesetz** bezeichnet.

$$M_1 = M_2$$
$$F_1 \cdot s_1 = F_2 \cdot s_2 \quad (\quad)$$

Einbettung des Themas in den Lehrplan und die Bildungsstandards[4],[5]

Im Lehrplanentwurf des Landes Rheinland–Pfalz für das Fach Physik ist für das Themengebiet Mechanik ein Zeitrichtwert von 25 Stunden vorgesehen. Dabei entfallen 5 Stunden auf Kraft, Masse und Dichte, 10 Stunden auf Arbeit, Energie und Leistung. Die restlichen 10 Stunden sind für Druck in Flüssigkeiten vorgesehen.

Das Thema „Hebel" gehört zu der Unterrichtseinheit „Mechanik: Arbeit - Energie - Leistung" und ist unter dem Punkt Projektvorschläge zu finden. Der Lehrplan der Realschule sieht vor, Hebel von den Schülern beschreiben, aufbauen und erklären zu lassen. Die Gesetze zur Kraftersparnis und das Hebelgesetz sollen verbal sowie in mathematischer Form aufgestellt werden. Außerdem sollen die Schüler einfache Maschinen an Beispielen aus der Natur auffinden.

In den gültigen *Bildungsstandards* taucht auf Seite 9 im Kompetenzbereich „*Fachwissen*" unter dem Punkt „3. System" folgendes auf: „Stabile Zustände sind Systeme im Gleichgewicht.", wie beispielsweise: „Kräftegleichgewicht." Der vorliegende Unterrichtsentwurf orientiert sich nach der Förderung folgender Kompetenzen aus den aktuellen Bildungsstandards:

Fachwissen:
→ (F1) verfügen über ein strukturiertes Basiswissen auf der Grundlage der Basiskonzepte.
→ (F2) geben ihre Kenntnisse über physikalische Grundprinzipien, Größenordnungen, Messvorschriften, Naturkonstanten sowie einfache physikalische Gesetze wieder.
→ (F3) nutzen diese Kenntnisse zur Lösung von Aufgaben und Problemen.

Erkenntnisgewinnung:
→ (E1) beschreiben Phänomene und führen sie auf bekannte physikalische Zusammenhänge zurück.
→ (E4) wenden einfache Formen der Mathematisierung an.
→ (E6) stellen an einfachen Beispielen Hypothesen auf.
→ (E8) planen einfache Experimente, führen sie durch und dokumentieren die Ergebnisse.

Kommunikation:
→ (K1) tauschen sich über physikalische Erkenntnisse und deren Anwendungen unter angemessener Verwendung der Fachsprache und fachtypischer Darstellung aus.
→ (K2) unterscheiden zwischen alltagssprachlicher und fachsprachlicher Beschreibung von Phänomenen.

Begründung des Themas

Der Hebel ist ein uraltes Hilfsmittel der Menschen. Hebel erleichtern unser Leben. Sie zeichnen sich durch ihre kraftumlenkenden Eigenschaften aus. In vielen bekannten Werkzeugen und Geräten wird die Kraftverstärkung durch Hebel genutzt und damit unser Leben erleichtert. Sie sind somit aus unserer Lebenswelt nicht mehr wegzudenken. Die Schüler kennen Hebel zum Beispiel vom Fahrrad (Hebelbremse) oder vom Auto (Schalthebel). Jeder hat vermutlich schon einmal einen Flaschenöffner oder eine Kneifzange benutzt und weiß den Nutzen solcher einfacher Maschinen zu schätzen. Darüber hinaus können die Schüler schnell und nachvollziehbar zu einfachen Aussagen und Gesetzen kommen, die für alle Hebelvorrichtungen gelten. Dies erleichtert den Schülern den Umgang mit Hebeln und ermöglicht zudem einen Unterricht, der mühelos mit den Alltagserfahrungen der Schüler (Beispiel Spielplatzwippe) verknüpft und in Einklang gebracht werden kann. Fehlvorstellungen können hier besser behoben werden als z. B. bei Spannung und Stromstärke.

Die heutige Unterrichtsstunde knüpft an die Alltagserfahrungen der Schüler. Das erarbeitete Hebelgesetz sowie die erworbenen Erkenntnisse können sie anschließend auf alle Hebelvorrichtungen (zweiseitige Hebel) anwenden und viele Zusammenhänge besser verstehen. Das bringt ihnen ihre Umwelt etwas näher.

Stellenwert der Stunde in der Unterrichtseinheit
- Kräfte und ihre Wirkungen
- Kraft als gerichtete Größe
- Kraft und Masse
- **Hebelgesetz**
- lose und feste Rollen
- Arbeit, Leistung und Energie
- Goldene Regel der Mechanik

Hierbei ist zu beachten, dass das Hebelgesetz das erste Thema hinsichtlich einfacher Maschinen ist.

Fachliches Vorwissen – Vorerfahrungen
Die physikalischen Begriffe Kraft, Gewichtskraft, Weg und Masse sind den Schülern aus den vergangenen Stunden bekannt. Dadurch verfügen die Schülerinnen und Schüler über ein Vorwissen, das sie bei der Lösung der Problemfrage gezielt einsetzen können. Des Weiteren sind die Schüler in der Lage Kraftpfeile einzuzeichnen (hinsichtlich Länge, Richtung und Angriffspunkt), was bei der Erarbeitung des Hebelgesetzes unabkömmlich ist. Eine weitere Voraussetzung ist das Messen von Längen, das jeder Schüler der 7. Jahrgangsstufe beherrschen sollte.

Didaktische Reduktion
Die Schüler sollen das Hebelgesetz über eine Abstraktionsreihe erarbeiten. Die Herleitung über das Drehmoment ist in dieser Stunde nicht möglich, da das Drehmoment den Schülern bisher nicht bekannt ist. Für die Einführungsstunde beschränke ich mich außerdem auf den zweiseitigen Hebel. Bei dem in der Unterrichtsstunde relevanten zweiseitigen Hebel liegen die Angriffspunkte der jeweils angreifenden Kräfte rechts und links vom ortsfesten Drehpunkt.

Mit dem Hebel lässt sich eine Kraft in eine größere umwandeln (Kraftwandler), wobei die Vergrößerung der Kraft auf der einen Hebelseite eine Vergrößerung des Abstands zum Drehpunkt auf der anderen Hebelseite nach sich zieht, so dass ein „Gleichgewicht" vorherrscht. Der Hebel ist immer dann im Gleichgewicht, wenn auf beiden Seiten die Produkte aus Kraft F und Hebelarm s (Abstand des Kraftangriffspunktes von der Drehachse) gleich sind. Da die Kräfte senkrecht zur Hebelstange wirken, können wir in der Schule das Hebelgesetz auf die Form $F_1 s_1 = F_2 s_2$ reduzieren und somit die Kreuzprodukte wegfallen lassen. Eine weitere Reduktion wird bei der Formulierung „Kraft · Kraftarm = Last · Lastarm" vorgenommen. Grund dafür ist, dass die Schüler bei der Wippe schlecht erkennen können, was die Kraft und was die Last sein soll. Diese Begriffe werden in der nächsten Stunde genauer beleuchtet.

Didaktischer Lösungsweg

Als situativer Rahmen dient ein Bild auf dem Asterix und Obelix auf einer Wippe im Gleichgewicht stehen. Beide stehen im Gleichgewicht, obwohl Obelix eine deutlich größere Masse als Asterix besitzt. Die Schüler sollen im weiteren Verlauf begründen können „Wann sind Asterix und Obelix im Gleichgewicht?". Dazu sollen die Schüler die Situation von „Asterix und Obelix im Gleichgewicht" nachstellen. Hierbei sollen die Schülerinnen und Schüler durch kausales Abstrahieren einen Versuch mit den vorhandenen Lehrmaterialien nachbauen. Mithilfe dieses Versuchs (speziell die neue Anordnung der Massestücke) sollen die SuS leichter auf die nächste Abstraktionsstufe kommen und diese zusammen mit der Lehrkraft auf der Folie einzeichnen. Dabei ist zu beachten, dass die Kraftpfeile richtig (in Bezug auf Richtung, Angriffspunkt, Länge) eingezeichnet werden. Zum Schluss soll durch die symbolhafte Verallgemeinerung auf die mathematische Verallgemeinerung geschlossen werden.

Differenzierung

Durch den offen gewählten Unterrichtseinstieg hat jeder Schüler die Gelegenheit am Unterricht aktiv teilzunehmen, ohne dass es dabei zu Wertungen kommt. Die Phase der Durchführung bietet eine weitere Differenzierungsmöglichkeit. Die Schüler arbeiten in Partnerarbeit zusammen, damit haben alle Schülerinnen und Schüler die Möglichkeit, sich einzubringen.

Schwierigkeitenanalyse

Zu erwartende Schwierigkeiten der Schüler	Reaktion auf die zu erwartenden Schwierigkeiten
Der Begriff des Drehpunktes ist den SuS nicht bekannt.	Die Erklärung des Drehpunktes findet durch die Lehrkraft statt.
Physikalisch Sachverhalte werden nicht klar artikuliert.	Die Lehrkraft gibt Hilfestellung zuerst durch Nachfragen an die gesamte Lerngruppe.
Die Schüler unterscheiden nicht zwischen Masse und Gewichtskraft.	Die Lehrkraft greift nochmals auf das Vorwissen der gesamten Lerngruppe zurück.
Die Lernenden können das Experiment nicht richtig aufbauen.	Die Lehr kraft geht nochmals Schritt für Schritt mit den SuS die Situation durch.

Hausaufgabe

Als Hausaufgabe sollen die Schülerinnen und Schüler mit Hilfe des Hebelgesetzes errechnen, welche Kraft auf dem jeweiligen Bild auf den Federkraftmesser wirkt, damit der Hebel im Gleichgewicht bleibt.

III. Methodische Analyse[6],[7],[8],[9]

Methodischer Schwerpunkt

Der Methodischer Schwerpunkt der Stunde ist die Erarbeitung des Hebelgesetzes mit Hilfe einer gegenständlichen Abstraktionsreihe. Dabei wird vom Einstieg „Asterix und Obelix im Gleichgewicht" über 3 Abstraktionsstufen zur mathematischen Verallgemeinerung des Hebelgesetzes ($F_1 \cdot s_1 = F_2 \cdot s_2$) gekommen. Hierbei soll mit einer Reihe von Zwischengliedern der Abstraktionsprozess erleichtert werden. „Dieser Prozess ist in der Mittelstufe mit erheblichen Schwierigkeiten verbunden." Haspas begründet diese Probleme im Umbruch des Denkens, das sich vom konkret-gegenständlichen Auffassen zum abstrakt-logischen Denken gerade in diesen Klassenstufen entwickelt. Diese Entwicklung sieht er als ungemein wichtig an: „ Wenn diese Tatsache nicht berücksichtigt wird, tritt oft an die Stelle des Verständnisses das Gelernte, Nichtbegriffene; das Erlernte wird formales und nicht anwendungsbereites Wissen und unterliegt daher in starkem Maße dem Vergessen."

Begründung des weiteren methodischen Vorgehens

Der Einstieg in die heutige Physikstunde erfolgt über die Einblendung einer Folie über den Overheadprojektor. Die SuS sollen sich die Folie kurz anschauen und dann in einer Redekette beschreiben, was sie auf dem Bild sehen. „Die Redekette hat ihren Platz in der Einstiegsphase des Unterrichts, in der die Schülerinnen und Schüler sich spontan äußern können, Vorwissen artikulieren und in der es keine falschen oder richtigen Antworten gibt. [...]Die Methode erzeugt eine mitbestimmte, stressfreie, angenehme Atmosphäre." Der situative Kontext hat die Funktion, dass die SuS bei der Sache sind, motiviert werden und sie das Lernen als lustvoll erleben. Durch diesen Rahmen wird eine Problemstellung geschaffen, die mit der Hilfe des Versuchs gelöst werden soll. Die Vorgänge orientieren sich am forschend-entdeckenden Unterrichtsverfahren. Nach dem Formulieren der Problemfrage sollen die SuS mit dem vorhandenen Versuchsmaterial die Situation von „Asterix und Obelix im Gleichgewicht" nachstellen. Für die Lösung des Problems sollen sich die SuS in Partnerarbeit beraten. Diese Sozialform wurde gewählt, da dabei die SuS aktiv und konzentriert an einer Aufgabe arbeiten. Die Partnerarbeit integriert alle Schüler und fördert zugleich die Kommunikation zwischen den einzelnen Schülern. Ein weiterer Grund ist der enge Klassensaal, denn eine Umstellung der Tische für 4er Gruppen wäre zu zeitaufwendig und schlecht realisierbar.

Durch den Nachbau der Situation erreichen wir die erste Abstraktionsstufe. Solche Zwischenstufen sind von enormer Bedeutung, um vom Besonderen („Asterix und Obelix im Gleichgewicht") zur mathematischen Verallgemeinerung (Hebelgesetz) zu kommen. In der nachgestellten Situation lässt sich verdeutlichen, wo genau die Kräfte wirken. Dabei wird auch klar das Masseverhältnis herausgestellt. Dadurch wird den SuS klar, dass F_1 halb so groß ist, wie F_2.

Im nächsten Schritt werden wir unser nachgebautes Modell benutzen um die nächste Abstraktionsstufe (symbolhafte Verallgemeinerung) zu erreichen. In dieser Zeichnung, werden lediglich noch die Kraftpfeile, die Länge der Hebelarme und der Drehpunkt eingezeichnet. Von dieser symbolhaften Verallgemeinerung soll nun auf die mathematische Verallgemeinerung (Hebelgesetz) geschlossen werden. Zum Schluss sollen die SuS nun noch je..., desto... Sätze vervollständigen, um die Situation auch in Worte fassen zu können.

Zum Öffnen und Schließen des Unterrichts im Hinblick auf den Lernzugewinn
Zu Beginn der Stunde bekommen die Schüler die Situation „Asterix und Obelix im Gleichgewicht". Die Schüler sollen nun beschreiben können, wann ein Gleichgewicht vorherrscht. Ein Schließen der ersten Lernschleife ist erfolgt, wenn die Kinder noch andere Stellungen von Asterix und Obelix begründen können.

IV. Lernziele

Leitziel
Die Schülerinnen und Schüler lernen, dass beim zweiseitigen Hebel der Zusammenhang zwischen den wirkenden Kräften (F_1, F_2) und der Länge der Hebelarme (s_1, s_2) durch das Hebelgesetz ausgedrückt wird.

Feinlernziele
Die Schülerinnen und Schüler der Klasse 7d sollen...

fachlich-kognitiv
→ ... die wichtigen Einflussgrößen für das Hebelgesetz nennen.
→ ... den mathematischen Zusammenhang zwischen der Kraft und der Länge des Hebelarms erklären können
→ ... bei der Planung die Analogie zwischen Realproblem und Versuch herstellen können.
→ ... mit Hilfe des Hebelgesetzes je..., desto.... Beziehungen formulieren können.
→ ... das Hebelgesetz auf andere Situationen im Gleichgewicht anwenden können.

methodisch
→ ... in einer Redekette agieren können.
→ ... die Abstraktion eines Sachverhaltes vom Besonderem zum Allgemeinen verstehen.

sozial-kommunikativ
→ ... ihre Sozialkompetenz und Kommunikationsfähigkeit erweitern, indem sie sich beim Lösen von Aufgaben paarweise unterstützen.
→ ... den Unterricht aktiv und aufmerksam mitgestalten.

affektiv
→ ... durch den Einstieg motiviert werden.

V. Verlaufsplan

LERNPHASE	PHASENINHALT/DIDAKT. KOMMENTAR	METHOD. KOMMENTAR	MEDIEN
Phase der Problemgewinnung			
Problemgrund	Der Unterrichtseinstieg geschieht mittels einer selbst gebastelten Folie. Auf der Folie sind Asterix und Obelix auf einer Wippe zu sehen. Sie befinden sich im Gleichgewicht	Unterrichtsgespräch	Versuch
Problemfindung	Wann sind Asterix und Obelix im Gleichgewicht?	Unterrichtsgespräch	Tafel
Problemerkenntnis	Vielleicht können wir mithilfe der Gewichtskraft, der Masse oder auch dem Weg herausfinden, wann sich Asterix und Obelix im Gleichgewicht befinden. Zusammenhang von bisherigen Erkenntnissen soll hergestellt werden.	Unterrichtsgespräch Anknüpfung an bisherigen Wissensstand	Goldstücke
Phase der Problemlösung			
Überlegungen	Mit Hilfe unseres Versuchsmaterials können wir die Situation „Asterix und Obelix im Gleichgewicht" nachbauen.		
Planung	Die Schüler haben 2 Minuten Zeit sich mit dem Partner Gedanken zu machen. Danach wird das Experiment so aufgebaut, dass sich die Massestücke im Gleichgewicht befinden.	Vermutungen	Versuchsmaterial
Zwischensicherung	Die Ergebnisse werden auf der Folie festgehalten.	Schülerdemonstration	
Durchführung	Eine Gruppe baut den Versuch nach. Die anderen bekommen direkt den Auftrag den Versuch auf ihrem Arbeitsblatt zu vervollständigen.	Einzelarbeit	OHP, Folie Arbeitsblatt Versuchsmaterial
		Unterrichtsgespräch	
Überlegungen	Welche Kräfte wirken in welchem Maße? Die SuS beschreiben, dass die verschiedenen Gewichtskräfte am Hebel „ziehen". Die wirkenden Kräfte haben eine unterschiedliche Entfernung zum Drehpunkt.	Unterrichtsgespräch	Arbeitsblatt. Folie
Planung und Durchführung	Die Schüler sollen nun zusammen mit der Lehrkraft eine symbolhafte Verallgemeinerung der Situation darstellen. Die Darstellung soll auf alle zweiseitigen Hebel übertragbar sein. Zum Schluss wird mit Hilfe der verallgemeinerten Zeichnung das Hebelgesetz aufgestellt.		
Sicherung	Findet mit Hilfe des Hebelgesetzes weitere Stellungen, bei denen Asterix und Obelix im Gleichgewicht sind.		Arbeitsblatt, Folie
Transfer/Hausaufgabe	Die Schüler bekommen ein Arbeitsblatt, in dem sie verschiedene Kräfte am zweiseitigen Hebel berechnen sollen.		Arbeitsblatt

Literatur

[1]   CIEPLIK, Dieter: Erlebnis Physik. Schroedel Verlag, 2006.

[2]   TIPLER, Paul A.: MOSCA, Gene: *Physik für Wissenschaftler und Ingenieure*. 2., deutsche Auflage. Heidelberg: Spektrum Akademischer Verlag, 2004.

[3]   DEMTRÖDER, Wolfgang: Experimentalphysik 1 - Mechanik und Wärme, Springer Verlag Berlin, 2003

[4]   MINISTERIUM FÜR BILDUNG, WISSENSCHAFT UND JUGEND UND KULTUR RHEINLAND PFALZ (Hrsg.): Lehrplan-Entwurfe Lernbereich Naturwissenschaften (Biologie, Physik, Chemie), Grünstadt : Sommer-Verlag, 1997.

[5]   KONFERENZ DER KULTUSMINISTER DER LÄNDER IN DER BRD (Hrsg.): Bildungsstandards im Fach Physik für den Mittleren Schulabschluss, München : Wolters Kluwer, 2005.

[6]   MEYER, Hilbert: Was ist guter Unterricht?. Cornelsen Verlag

[7]   MATTES, Wolfgang: Methoden für den Unterricht. Schöningh. Paderborn 2004.

[8]   HASPAS, Kurt: Methodik des Physikunterrichts. Berlin : Volk und Wissen Volkseigener Verlag, 1. Auflage, 1969.

[9]   FRIES, Eberhard; ROSENBERGER, Rudi: Forschender Unterricht. Frankfurt am Main : Verlag Moritz Diesterweg, 1967.

Obelix! Nicht bewegen, sonst kippen wir!!!

Das macht Spaß Asterix!

Versucht die Situation „Asterix und Obelix im Gleichgewicht" auf der Wippe mit unserem Versuchsmaterial nachzustellen. Wähle die Massestücke so, dass Obelix die doppelte Masse von Asterix hat.

(Auf die Wippe können Figuren von Asterix und Obelix geklebt werden.)

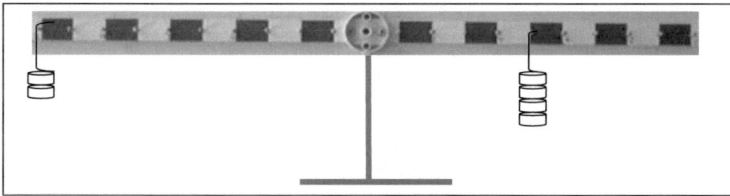

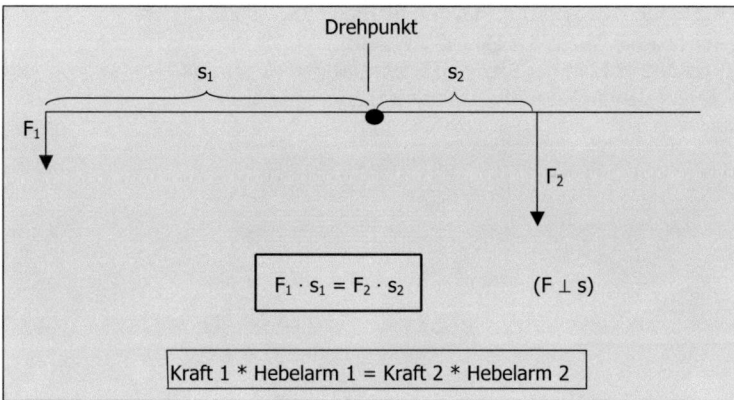

Drehpunkt

s_1 s_2

F_1

Γ_2

$$F_1 \cdot s_1 = F_2 \cdot s_2 \qquad (F \perp s)$$

Kraft 1 * Hebelarm 1 = Kraft 2 * Hebelarm 2

Zwei unterschiedlich schwere Personen wollen wippen.
Vervollständige:
Je größer die Masse einer Person ist, desto ......näher.......... muss sie am Drehpunkt sitzen.
Je ....kleiner die Masse...... einer Person ist, desto weiter muss sie vom Drehpunkt sitzen.

Hausaufgabe

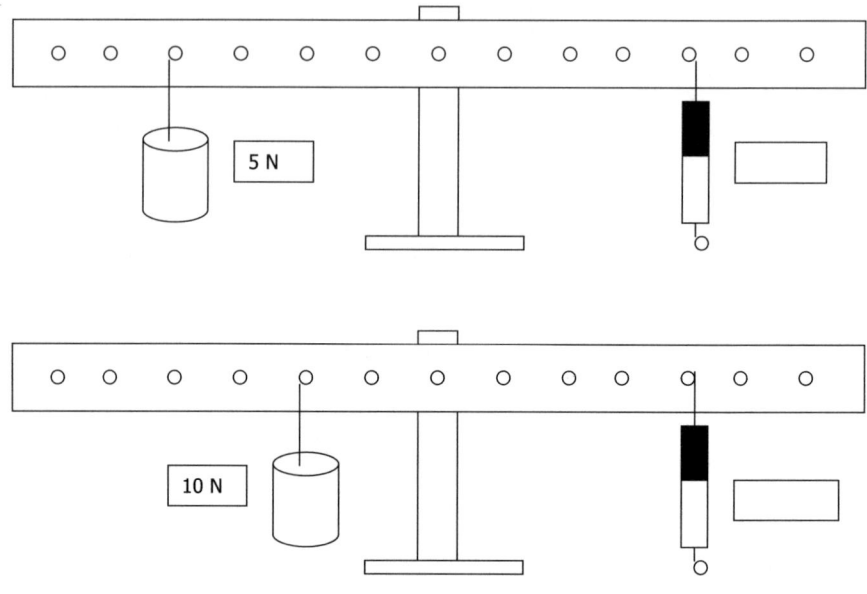

Arbeitsauftrag:
Die Abstände zwischen den Punkten betragen jeweils 2,5 cm.
1.) Zeichne die Länge des Hebelarme ein.
2.) Rechne mit Hilfe der Formel des zweiseitigen Hebels aus, wie groß die Kraft ist, die auf den Federkraftmesser einwirkt.